·光学分册·

世界因我 "光" 彩夺目

小牛顿 很忙

马丁 / 编著

狸猫 / 绘图

给孩子的物理
启蒙漫画

化学工业出版社

·北京·

图书在版编目（CIP）数据

世界因我"光"彩夺目 / 马丁编著；狸猫绘图. —北京：
化学工业出版社，2024.1
（小牛顿很忙：给孩子的物理启蒙漫画）
ISBN 978-7-122-44501-8

Ⅰ.①世… Ⅱ.①马… ②狸… Ⅲ.①光学-儿童读物
Ⅳ.①O43-49

中国国家版本馆CIP数据核字（2023）第225788号

责任编辑：潘　清　　　　　　　　　　　责任校对：边　涛

出版发行：化学工业出版社 (北京市东城区青年湖南街 13 号 邮政编码 100011)
印　　装：北京宝隆世纪印刷有限公司
787mm×1092mm　1/16　印张 5½　字数 80 千字　2024 年 5 月北京第 1 版第 1 次印刷

购书咨询：010-64518888　　　　　　　售后服务：010-64518899
网　　址：http://www.cip.com.cn
凡购买本书，如有缺损质量问题，本社销售中心负责调换。

定　　价：35.00 元
版权所有　违者必究

致亲爱的小朋友们

亲爱的小朋友们，你们了解光吗？

光很平常，我们天天都能看见它；可是光又很神秘，科学家们经过了很长时间的努力才搞懂它。

其实，只要你们细心观察，就能在生活中发现不少有关光的奇怪现象，比如，为什么影子的边缘一般都是有些模糊的？为什么镜子里面的字总是反着的？为什么哈哈镜能把人像变形？夏天的马路上，汽车前方为什么常常会有一摊永远追不上的水？为什么有的眼镜戴上后会显得眼睛小，有的戴上后却显得眼睛大？为什么彩虹和太阳不会出现在同一侧？

小朋友们，赶快带上这些疑问跟随我一起进入光学世界，去寻找线索吧！一场全新的物理游乐园之旅即将开启。

阅读说明

一、本套书的编排顺序属笔者精心设计，最好顺次阅读哟！

二、遇到思考题时，可以停下来和爸爸、妈妈一起讨论，建议不要直接看答案，因为"思考讨论"的过程远比"知道答案"更重要。

三、如果需要动手实验，请邀请家长陪同，安全第一。

四、每一节的最后都设置了针对本章节核心内容的知识大汇总，便于日后总结归纳。

五、完成学习后，可以从书本最后一页获取奖励徽章。

作者 **马丁**

　　中国科学院物理学博士，原北京、深圳学而思骨干物理教师，拥有十多年中考、高考、竞赛以及低年级兴趣实验课教学经验，一直秉承着展现物理之美、激发学习兴趣、培养良好习惯的教学理念。他的课程深受广大学生、家长好评，自媒体平台上的物理教学课程浏览量超百万。

绘图 **狸猫**

　　90后青年漫画师，作品以儿童科普漫画为主，创作风格清新活泼、温暖治愈，深受大小朋友们的喜爱，自媒体平台点赞量过百万。

角色介绍

天天

一个内向的男孩,爱思考,不善言谈,后来逐渐变得主动起来,而且表达能力也越来越强了。

一个活泼的小女孩,好奇心重,做事略显急躁,有时候说话不经过思考,后来逐渐变得没那么急躁了,也能够全面看待问题了。

小艾

助演阵容

小手电

一名小牛顿物理游乐园的向导，能自己发光，在本书中发挥了巨大的作用，带领天天和小艾学习了很多光学知识。

平面镜

小牛顿物理游乐园的一名演员，能反光，它拥有超级大的魔力，能装下整个世界。不信的话，你们来看看它的表演吧！

凸透镜

它本领高强，能改变光的轨迹，而且还能让物体一会儿变大，一会儿变小。在我们的生活中，能看到它的各种变身，赶快找找看吧！

三棱镜

它很特别，不仅能改变光的轨迹，而且还会变魔术，美丽的"彩虹"就是它变出来的，具体怎么回事，咱们翻开书去看看吧！

目录

成为小小物理学家的第三步

提出问题

5

欧几里得的视角

眼睛向外发出的视线应该不是弯曲的，而是笔直的，这导致了近处的小东西可以遮挡住远处的大东西，所以就会感觉远处高大的石柱竟然和手指一样短。

两千多年前一位古希腊数学家欧几里得也提出了一个理论，咱们以后在学习数学时会经常遇到他。

他这个又疯狂又有些道理的理论，在西方被视为权威达上千年之久，直到公元1015年，一位在埃及蹲监狱的学者有了新的发现……

原来大数学家也这么疯狂啊！

7

小朋友们，在日常生活中你们爱提问题吗？尤其是一些听起来有点儿傻的问题。如果有，请继续保持；如果没有，那么就请积极地思考，大胆地提问，不要担心问题是不是有点儿傻，别忘了，很多"傻"问题都是不好回答的深刻问题哟！

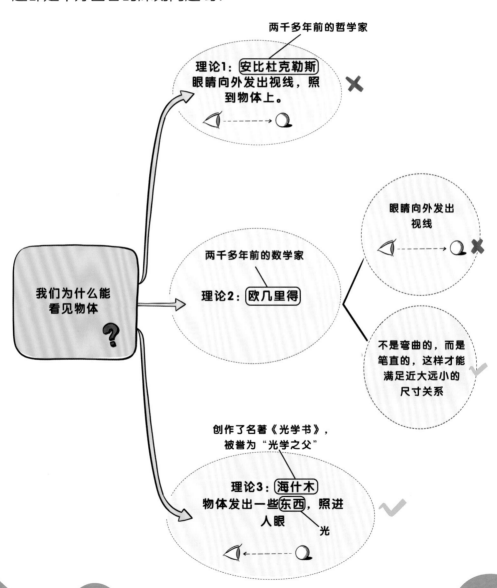

两千多年前的哲学家

理论1：安比杜克勒斯
眼睛向外发出视线，照到物体上。 ✗

两千多年前的数学家

理论2：欧几里得

眼睛向外发出视线 ✗

不是弯曲的，而是笔直的，这样才能满足近大远小的尺寸关系 ✓

我们为什么能看见物体 ？

创作了名著《光学书》，被誉为"光学之父"

理论3：海什木
物体发出一些东西，照进人眼
光 ✓

石头不发光，为什么我们还能看到它
（光源）

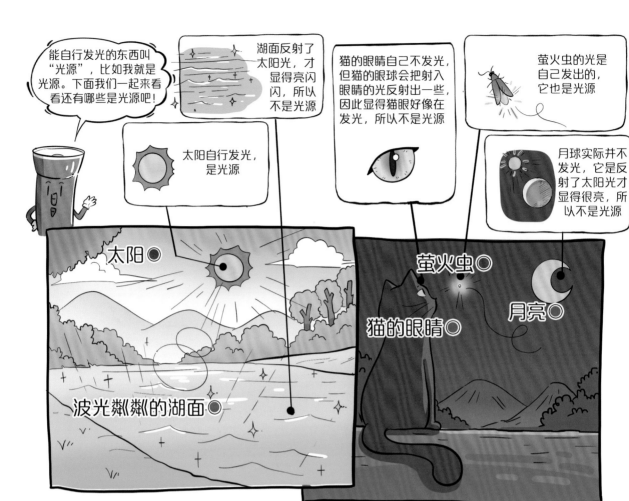

小朋友们，关于哪些物体是光源，哪些不是的问题你们答对了几道？做得慢甚至做错了都没有关系，只要你们认真思考了就值得表扬！最后，我再出两道思考题，完成就可以赢得第2枚光学徽章"光源——照亮世界的英雄"啦！

思考题1：光跑得非常快，小朋友们，赶快查阅一下资料，看看光到底跑得有多快吧！

思考题2：看完前面这几页，你们有什么疑问吗？努力提出一两个自己的疑问！别忘了，成为小小物理学家的第三步就是"提出问题"哟！（提示：可以用"为什么……""如何……""还有哪些……"等格式来提问。

自己提出的问题，可以自己试着探寻一下答案，一时答不出来也没有关系，因为"提出问题"本身就已经很了不起了。

小朋友们，关于光源，你们都了解了吗？平时在生活中也要细心观察，找找看哪些物体是光源，哪些不是。现在，我们先来把这一节学习的知识系统地总结一下吧！

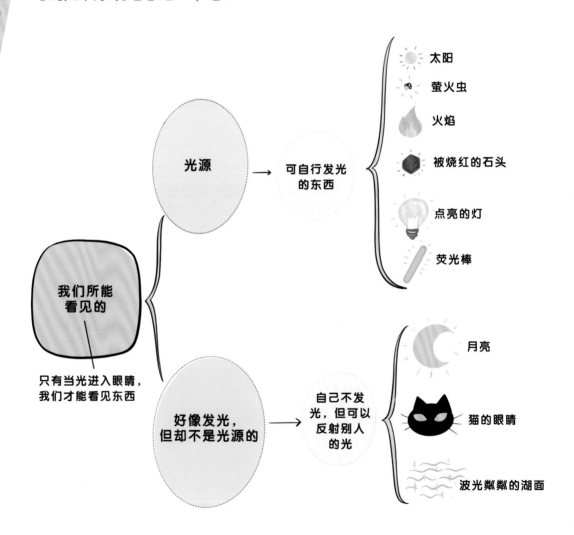

光源 → 可自行发光的东西
- 太阳
- 萤火虫
- 火焰
- 被烧红的石头
- 点亮的灯
- 荧光棒

我们所能看见的

只有当光进入眼睛，我们才能看见东西

好像发光，但却不是光源的 → 自己不发光，但可以反射别人的光
- 月亮
- 猫的眼睛
- 波光粼粼的湖面

神奇的影子
（光沿直线传播）

你们提的这个问题可不太好回答啊！为了说清楚这个问题，咱们得先从"光是怎么传播的"开始讲起。

我仔细计算过，为了满足近大远小的尺寸关系，光此时应该沿直线传播。

还记得大数学家欧几里得吗？他虽然错误地认为人看见东西是因为眼睛发出了视线，但有一点他说对了，那就是**光一般是沿直线传播的**。我们也可以通过激光直观地看到"光沿直线传播"这一现象。

好直啊！

激光笔

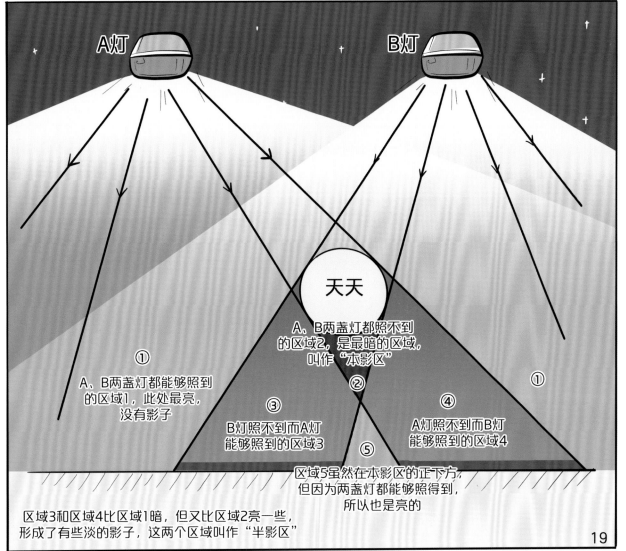

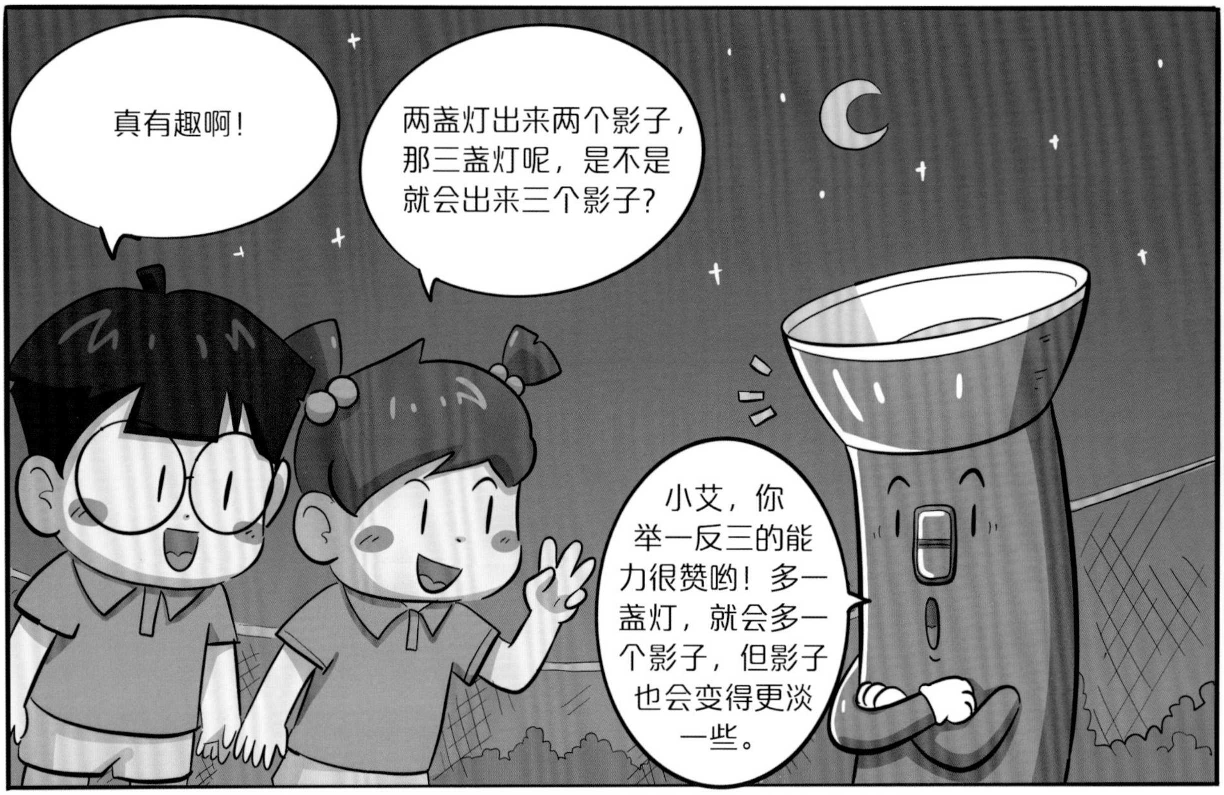
真有趣啊！
两盏灯出来两个影子，那三盏灯呢，是不是就会出来三个影子？
小艾，你举一反三的能力很赞哟！多一盏灯，就会多一个影子，但影子也会变得更淡一些。

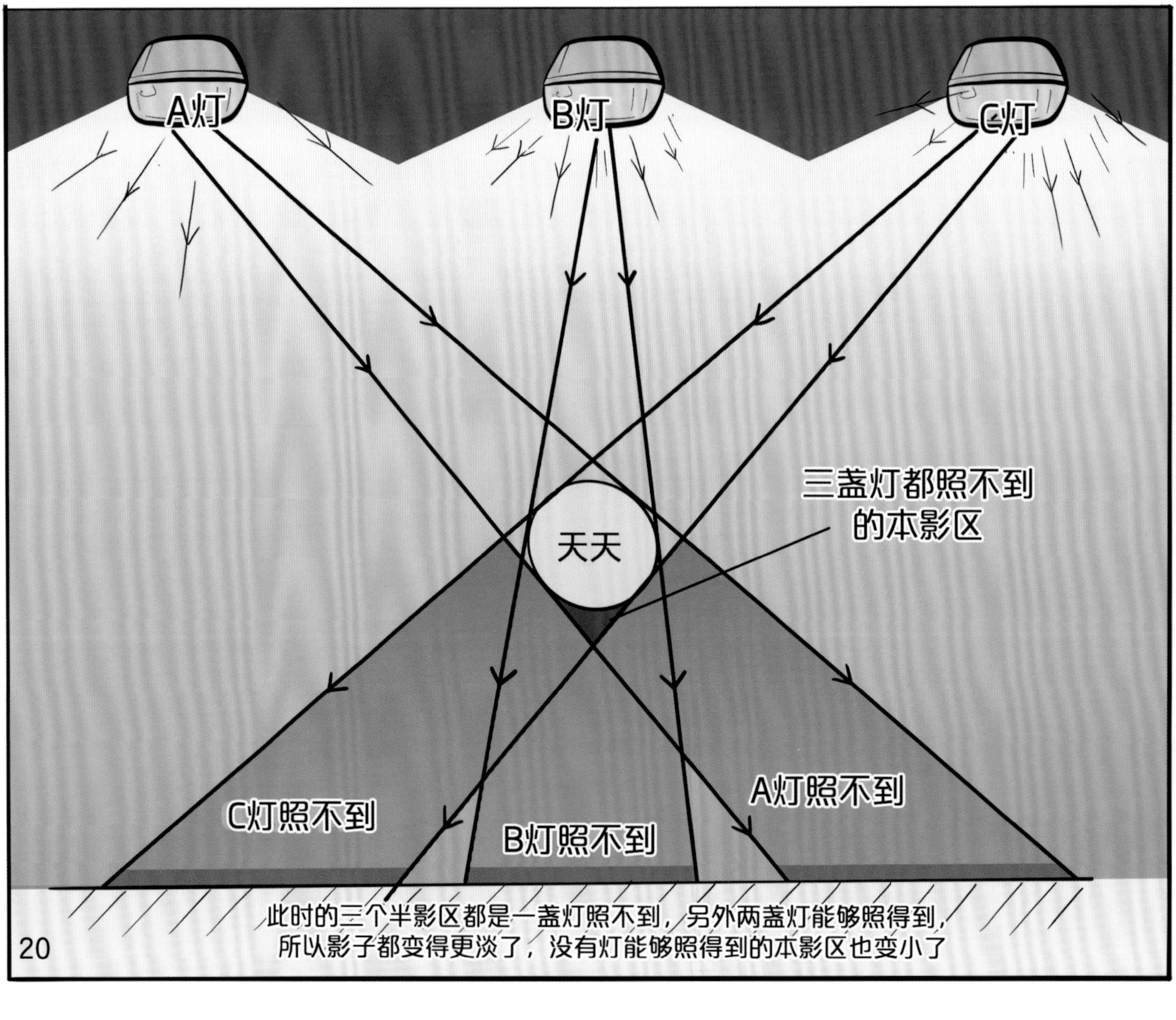
A灯
B灯
C灯
三盏灯都照不到的本影区
天天
C灯照不到
B灯照不到
A灯照不到
此时的三个半影区都是一盏灯照不到，另外两盏灯能够照得到，
所以影子都变得更淡了，没有灯能够照得到的本影区也变小了

知识大汇总

　　小朋友们，这一节我们学习了一个很重要的知识，那就是"光一般是沿直线传播的"。下面的导图是对本节知识的梳理与归纳，一起来看看吧！

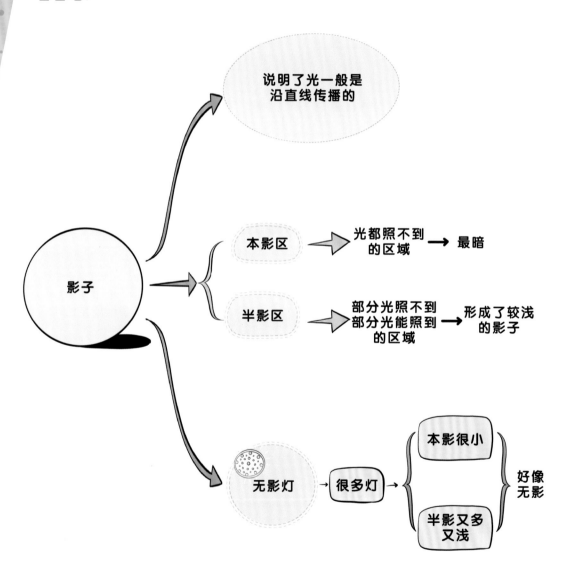

说明了光一般是沿直线传播的

影子

本影区 → 光都照不到的区域 → 最暗

半影区 → 部分光照不到部分光能照到的区域 → 形成了较浅的影子

无影灯 → 很多灯 → 本影很小 / 半影又多又浅 → 好像无影

22

奇怪的镜子
（光的反射）

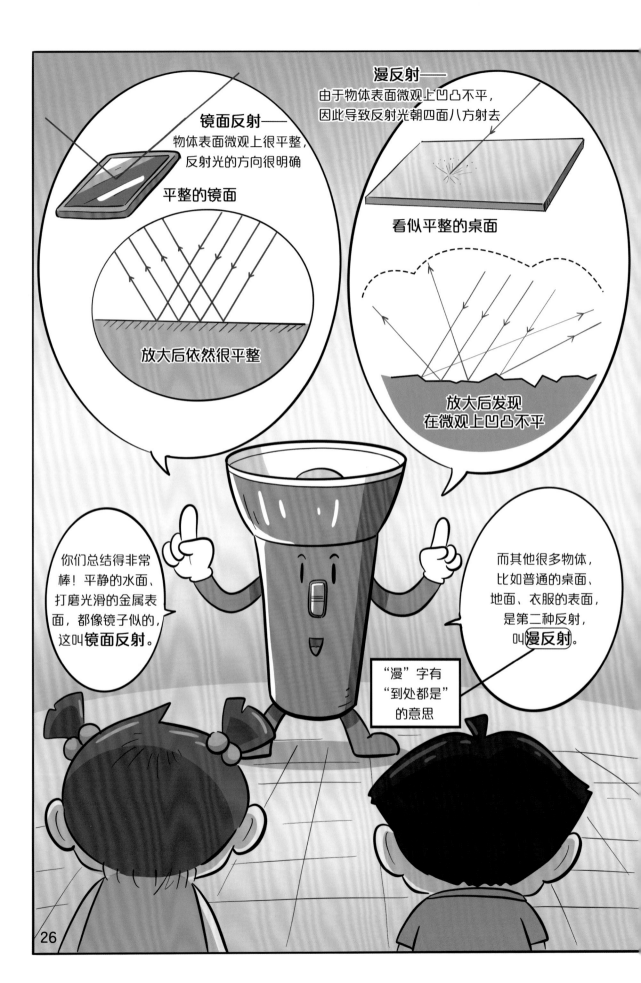

27

小朋友们，这节我们学习了镜面反射与漫反射，虽然都是反射，但两者的反射结果却截然不同，一定要仔细区分哟！

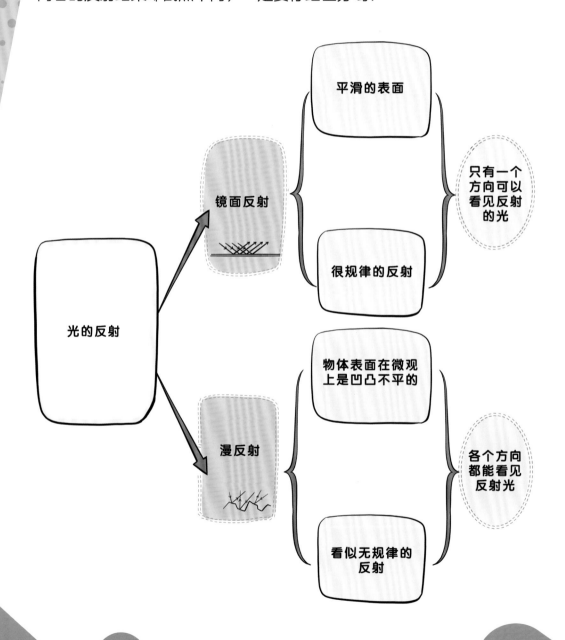

光的反射

镜面反射

平滑的表面

很规律的反射

只有一个方向可以看见反射的光

漫反射

物体表面在微观上是凹凸不平的

看似无规律的反射

各个方向都能看见反射光

小小镜子本领高

（平面镜成像）

光学馆
漫反射可以让我们从不同方向看到东西，那镜面反射又有什么用呢？
白纸
照镜子呀！你总不能拿着一张漫反射的白纸来照自己吧？
没错，我们之所以能够从镜子中看到自己，就是因为“镜面反射”。这里就是小牛顿物理游乐园光学馆，里面有很多面镜子，咱们进去看看吧！

31

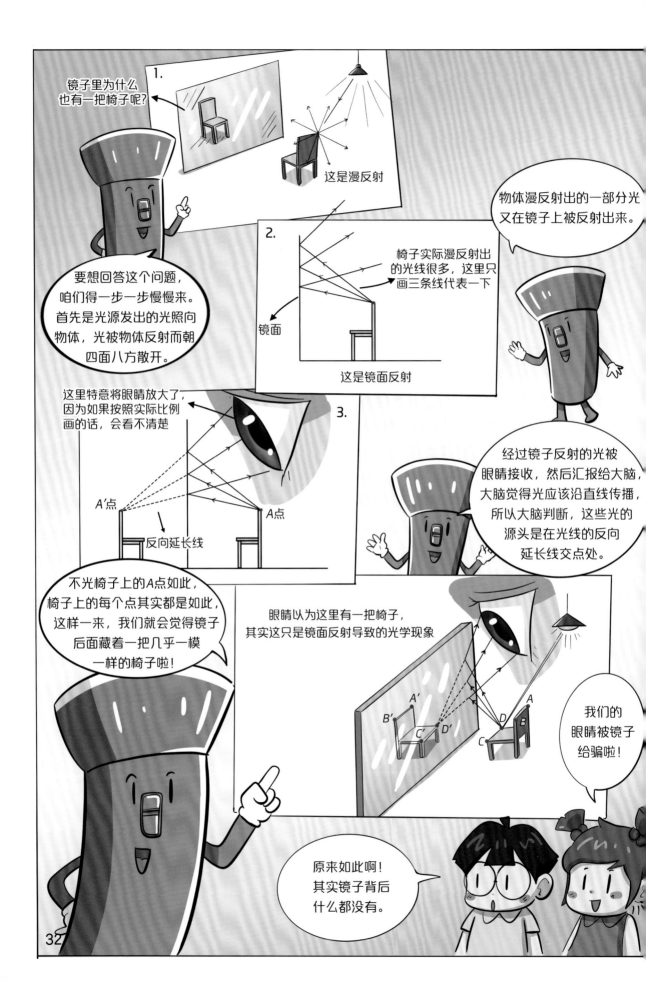

镜子里为什么也有一把椅子呢?

1.

这是漫反射

物体漫反射出的一部分光又在镜子上被反射出来。

要想回答这个问题,咱们得一步一步慢慢来。首先是光源发出的光照向物体,光被物体反射而朝四面八方散开。

2.

椅子实际漫反射出的光线很多,这里只画三条线代表一下

镜面

这是镜面反射

这里特意将眼睛放大了,因为如果按照实际比例画的话,会看不清楚

3.

A'点

反向延长线

A点

经过镜子反射的光被眼睛接收,然后汇报给大脑,大脑觉得光应该沿直线传播,所以大脑判断,这些光的源头是在光线的反向延长线交点处。

不光椅子上的A点如此,椅子上的每个点其实都是如此,这样一来,我们就会觉得镜子后面藏着一把几乎一模一样的椅子啦!

眼睛以为这里有一把椅子,其实这只是镜面反射导致的光学现象

A' B' C' D' A D C B

我们的眼睛被镜子给骗啦!

原来如此啊!其实镜子背后什么都没有。

33

知识大汇总

　　小朋友们，这节我们学习了平面镜成像原理、特点及现象，并根据光的反射规律，带领大家模拟了光线的传播轨迹，初步了解了光路图的绘制。由于光的反射，我们可以从一面镜子里看到一个物体的像，从两面镜子里看到三个物体的像，从多面镜子中看到无数物体的像，是不是很神奇！

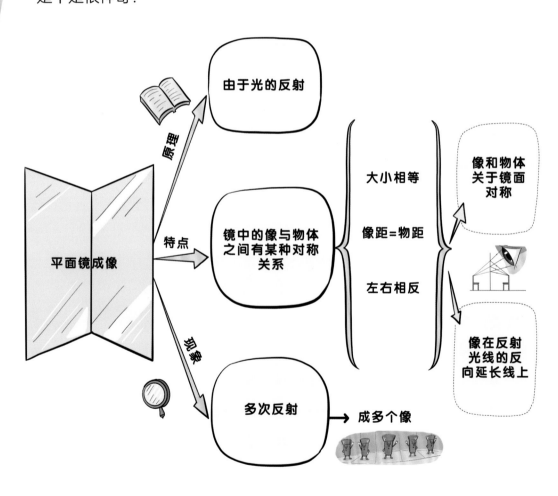

平面镜成像

原理 → 由于光的反射

特点 → 镜中的像与物体之间有某种对称关系 → 大小相等　像距=物距　左右相反 → 像和物体关于镜面对称 ／ 像在反射光线的反向延长线上

现象 → 多次反射 → 成多个像

为什么腿在水里变短了

（光的折射）

看上去腿变短

实际腿长

在讲光如何折射之前，咱们可以先推理一下，光怎么走，才能让水中的腿看上去变短了？

A.

部分光被反射回来，部分光沿直线射入空气，对吗？

B.

部分光被反射回来，部分光向上偏折射入空气，对吗？

C.

部分光被反射回来，部分光向下偏折射入空气，对吗？

以上三幅图中，只有一种情况能让水中的腿看上去显得短，大家想想看，哪一幅图符合实情？提示一下，我们是通过"进入眼睛光线的反向延长线"来感觉物体位置的。

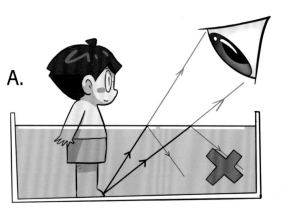

A.

人眼感觉脚的位置和脚的实际位置一致，
腿看起来不长不短，与实际情况（腿显得短了）不符

B.

人眼感觉脚的位置比脚的实际位置更低，
腿看起来更长了，与实际情况（腿显得短了）不符

第一幅图，
如果光线不偏折，
水面上的人就会感
觉腿并没有什么变
化，所以不是
这种情况。

第二幅图，
如果光线向上偏折，
那么水面上的人应
该感觉腿变长了才
对，所以也不是这
种情况。

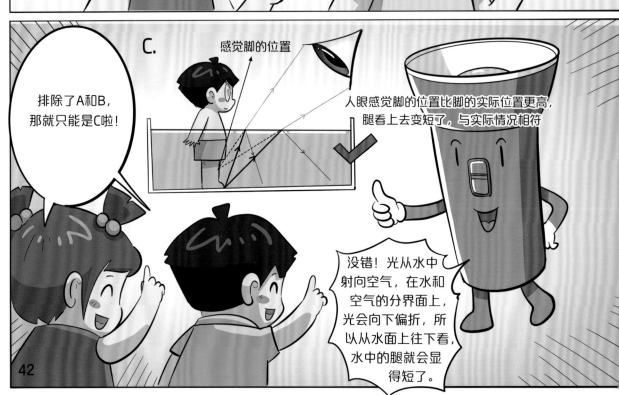

排除了A和B，
那就只能是C啦！

C.

感觉脚的位置

人眼感觉脚的位置比脚的实际位置更高，
腿看上去变短了，与实际情况相符

没错！光从水中
射向空气，在水和
空气的分界面上，
光会向下偏折，所
以从水面上往下看，
水中的腿就会显
得短了。

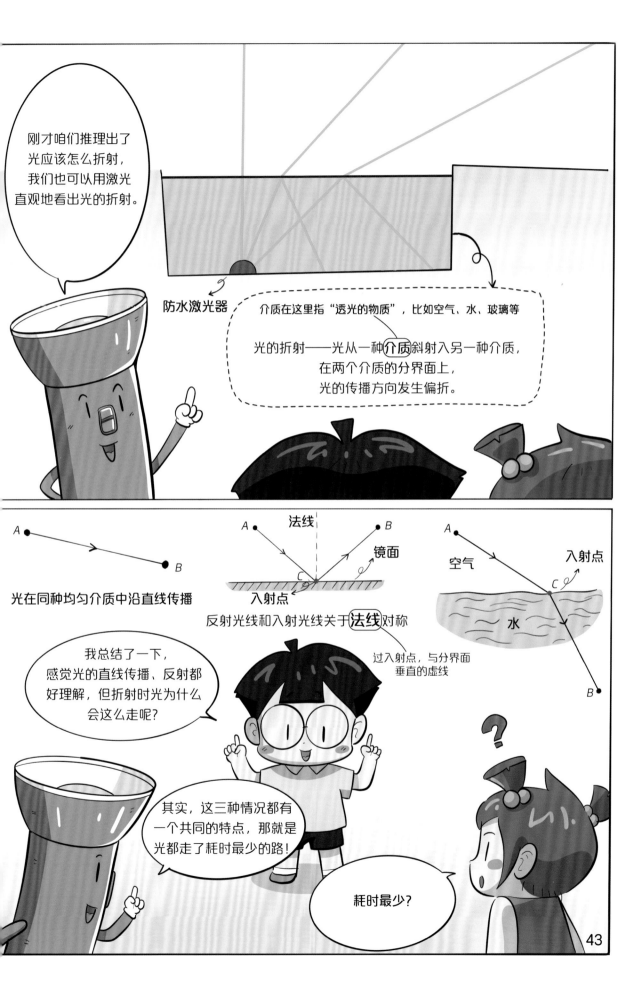

刚才咱们推理出了光应该怎么折射，我们也可以用激光直观地看出光的折射。

防水激光器

介质在这里指"透光的物质"，比如空气、水、玻璃等

光的折射——光从一种**介质**斜射入另一种介质，在两个介质的分界面上，光的传播方向发生偏折。

A → B

光在同种均匀介质中沿直线传播

法线
镜面
入射点

反射光线和入射光线关于**法线**对称

过入射点，与分界面垂直的虚线

空气
入射点
水

我总结了一下，感觉光的直线传播、反射都好理解，但折射时光为什么会这么走呢？

其实，这三种情况都有一个共同的特点，那就是光都走了耗时最少的路！

耗时最少？

知识大汇总

小朋友们，这一节我们学习了光的折射。光在传播过程中遇到透光的物质后，一部分光会反射回来，一部分光会在两个介质的分界面上发生偏折。赶快来看一看关于折射的思维导图吧！

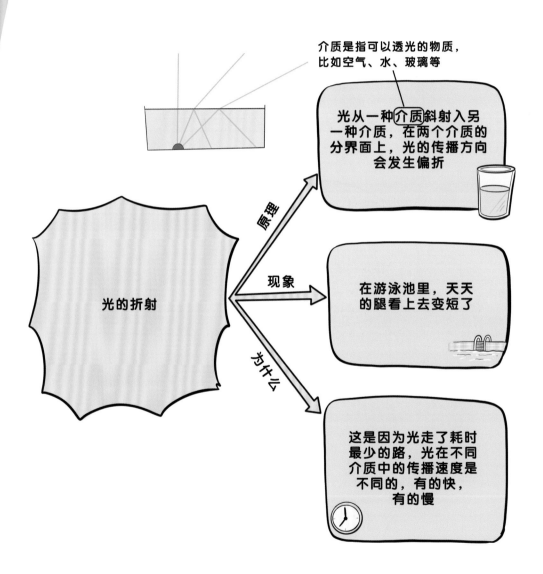

介质是指可以透光的物质，比如空气、水、玻璃等

光的折射

原理：光从一种介质斜射入另一种介质，在两个介质的分界面上，光的传播方向会发生偏折

现象：在游泳池里，天天的腿看上去变短了

为什么：这是因为光走了耗时最少的路，光在不同介质中的传播速度是不同的，有的快，有的慢

变幻莫测的凸透镜
（凸透镜）

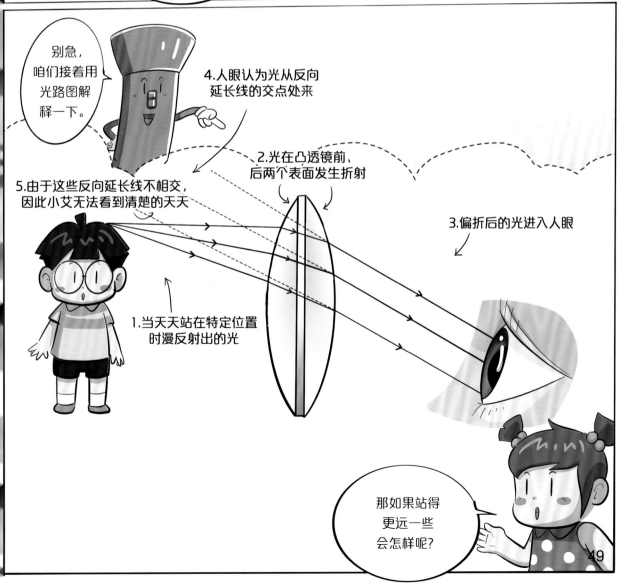

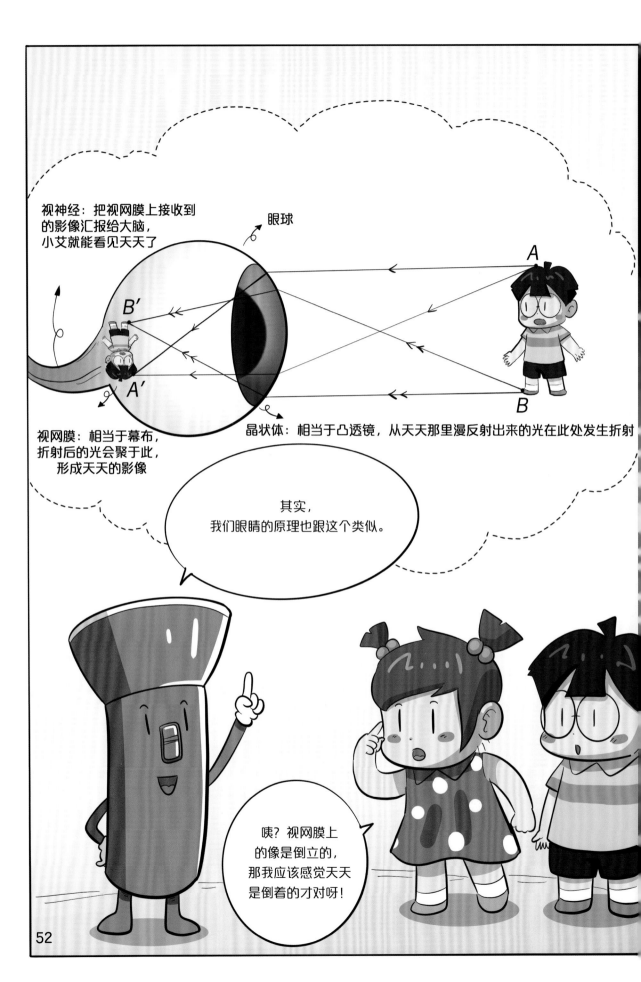

视神经：把视网膜上接收到的影像汇报给大脑，小艾就能看见天天了

眼球

视网膜：相当于幕布，折射后的光会聚于此，形成天天的影像

晶状体：相当于凸透镜，从天天那里漫反射出来的光在此处发生折射

其实，我们眼睛的原理也跟这个类似。

咦？视网膜上的像是倒立的，那我应该感觉天天是倒着的才对呀！

这得感谢大脑，为了方便，大脑重新处理了影像信号，把影像又颠倒了一次，于是就正过来了。咱们人类利用透镜制造了各种各样的"神器"，通过它们，我们驯服了"光"，让光只走我们设计好的路线，从而为我们服务。

不过得委屈一下"光"了。

哇！咱们人类好厉害！

小朋友们，思考题又来喽！
完成这道思考题，就可以获得
第7枚徽章"透镜驯服了光"啦！

思考题：这一节只讲了凸透镜，还有一种透镜
叫凹透镜，猜一猜它长什么样？
在日常生活中你们见过它吗？

在我们日常生活中的许多物品上都能找到凸透镜的身影，通过它，我们驯服了光，让光可以更好地为我们人类服务。小朋友们，赶快行动起来，找找它们都在哪里吧！

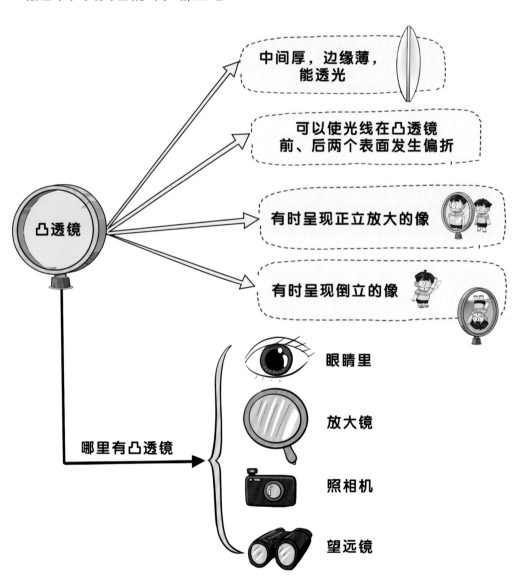

中间厚，边缘薄，能透光

可以使光线在凸透镜前、后两个表面发生偏折

有时呈现正立放大的像

有时呈现倒立的像

凸透镜

哪里有凸透镜

眼睛里

放大镜

照相机

望远镜

彩虹的秘密
（光的色散）

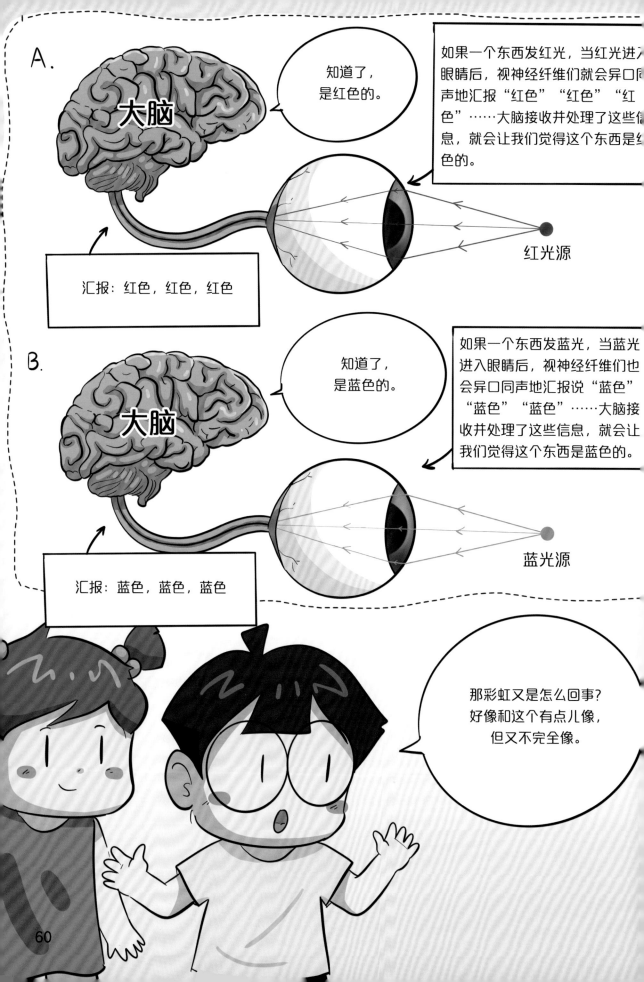

C.

汇报：
有红，有蓝，有绿

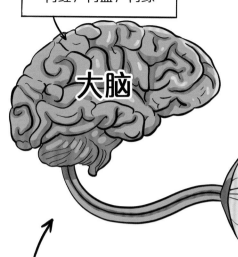

大脑

到底是什么色的？

白光源

如果一个东西同时发出各种不同的色光（比如太阳），当各种色光进入眼睛后，上百万根视神经纤维向大脑汇报的情况就会千差万别，有的汇报"这是红色的"，有的汇报"这是绿色的"，有的汇报"这是蓝色的"……大脑收到这些混乱的信息后，感觉太复杂，难以处理，就会以"空白"来应对，于是我们就会觉得这个东西是白色的。

彩虹的问题要更复杂一些，咱们就留作思考题吧！

小朋友们，完成这3道思考题，就可以获得第8枚徽章"并不简单的白光"了。

思考题1： 查阅资料（书籍或网络），看看彩虹是怎样形成的。

思考题2： 动手试试天天做的那个把"彩虹"弄到地上的实验，并画出相应的光路图。

思考题3： 仔细数一数，看看彩虹里一共有多少种颜色的光。

61

知识大汇总

小朋友们，这一节我们学习了光的色散，原来太阳发出的白光是由各种色光混合而成的。接下来，我们一起整理一下本节的思维导图吧！

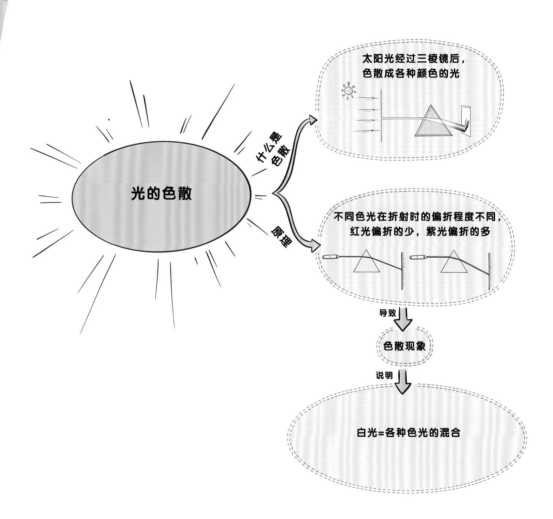

光的色散

什么是色散 → 太阳光经过三棱镜后，色散成各种颜色的光

原理 → 不同色光在折射时的偏折程度不同，红光偏折的少，紫光偏折的多

导致

色散现象

说明

白光=各种色光的混合

光到底是什么
（光的本质）

3.为什么会有影子？为什么有时还会有好几个影子？由于光一般沿直线传播，因此那些被遮挡照不到的地方就会形成较暗的影子。如果有多个光源，就有可能形成多个影子。几个光源都照不到的地方最暗，是本影区，其他较淡的影子区域是半影区。

4.为什么从镜子里能看到物体的像？物体"发"光，镜子将光反射，反射光进入眼睛，视觉系统以为光来自反向延长线的交点，因而认为"物体"就在那个点上。

A′点

反向延长线

A点

5.站在齐腰深的水里，为什么会显得腿短？

这是由于光的折射，光从水中射向空气，在分界面上光路会发生偏折。

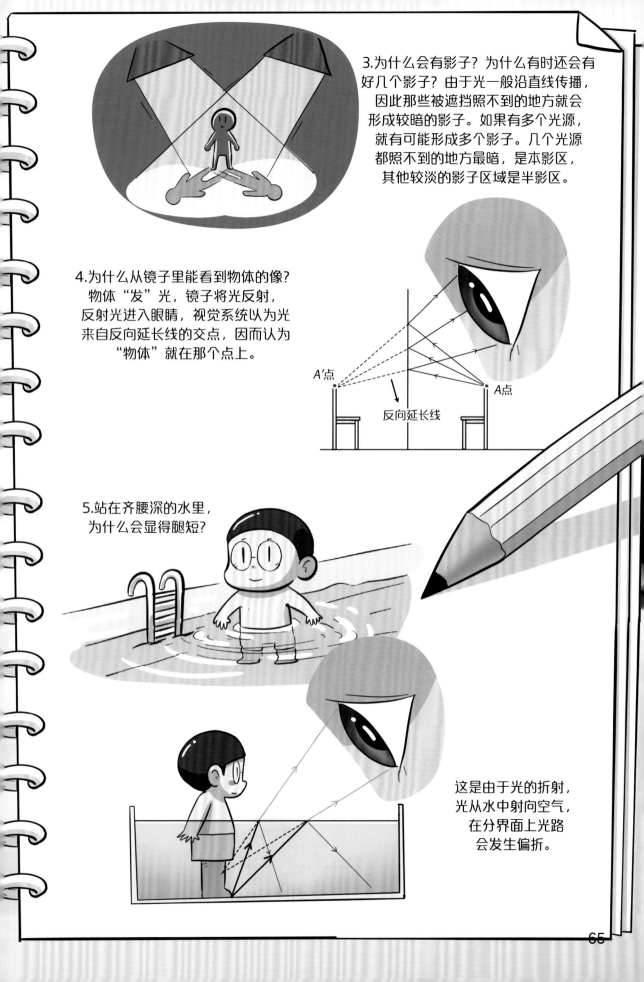

6.凸透镜长什么样？它能干什么？

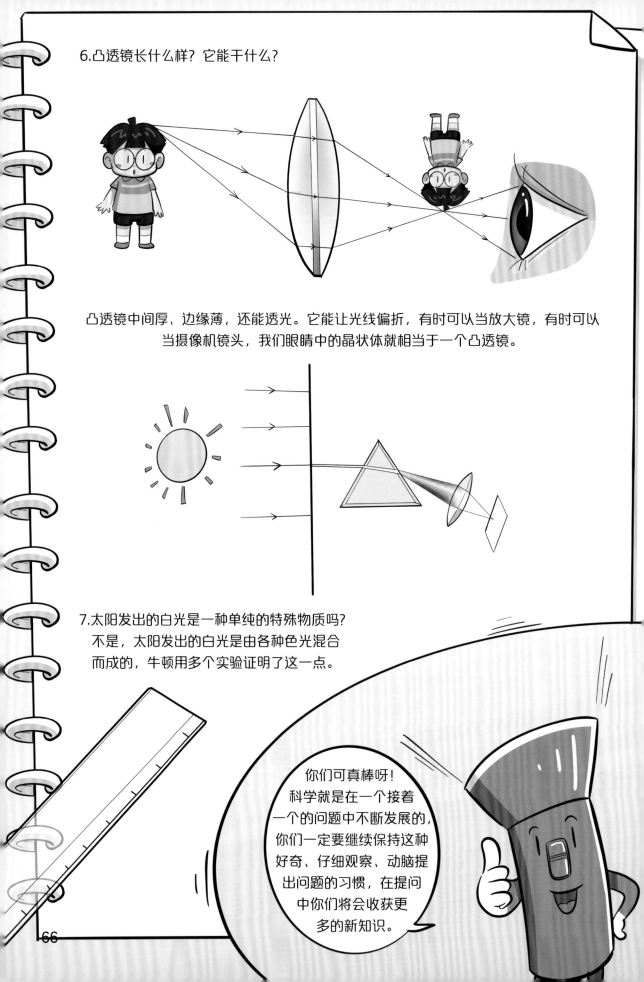

凸透镜中间厚、边缘薄，还能透光。它能让光线偏折，有时可以当放大镜，有时可以当摄像机镜头，我们眼睛中的晶状体就相当于一个凸透镜。

7.太阳发出的白光是一种单纯的特殊物质吗？
　不是，太阳发出的白光是由各种色光混合
　而成的，牛顿用多个实验证明了这一点。

你们可真棒呀！
科学就是在一个接着
一个的问题中不断发展的，
你们一定要继续保持这种
好奇、仔细观察、动脑提
出问题的习惯，在提问
中你们将会收获更
多的新知识。

最后我们还想问一个问题，那就是——光到底是什么呀？

关于这个问题，科学家们可是研究了上千年呢。

三百多年前，牛顿认为光是一种高速运动的微粒，这成功地解释了不少光学现象。

而另一些科学家则发现"光"能绕过一些微小的障碍物，
这一点是牛顿的光学理论所无法解释的，所以这些科学家
认为光并不是微粒，而是一种 **机械波**。
水波、声波都是机械波

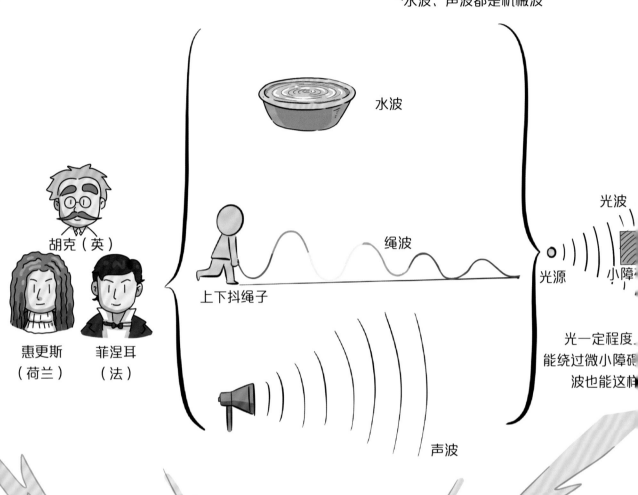

水波

绳波

上下抖绳子

胡克（英）

惠更斯
（荷兰）

菲涅耳
（法）

光波

光源

小障

光一定程度
能绕过微小障碍
波也能这样

声波

又过了上百年，英国物理学家麦克斯韦发现，
光既不是微粒，也不是机械波，
而是电磁波！
至此，人类可以说已经揭开了光的神秘面纱。

电磁波和机械波虽然都是波，
但它们可不是一种波。
—— 手机信号是一种电磁波，
而光则是能被我们
看见的那部分电磁波

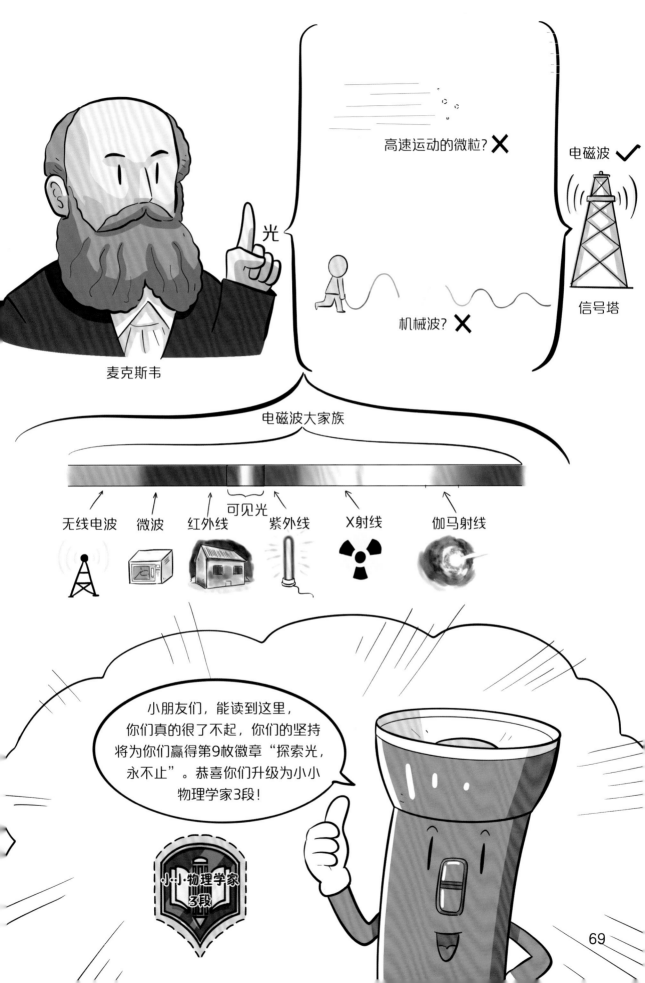

思考题答案

引言　成为小小物理学家的第三步——提出问题

答案：当光（比如太阳光、灯光）照到石头上后，会被反射，被反射出的光进入我们的眼睛，我们就能看见不自己发光的石头啦！

01　石头不发光，为什么我们还能看到它（光源）

答案：1. 光在真空中跑得最快，1 秒就能跑约 30 万公里，相当于绕地球跑七圈半的距离。

　　　2. 此题无标准答案，提出什么样的问题都好。

02　神奇的影子（光沿直线传播）

答案：1. 我们可以把太阳看作一盏"无影灯"，在太阳这盏"无影灯"的照射下，线绳的本影区很小。当线绳远离地面时，本影区未触及地面，地面上只有很浅很淡的半影区，所以就看不见线绳的影子了。当线绳靠近地面时，本影区触及地面，也就能看见线绳的影子啦！

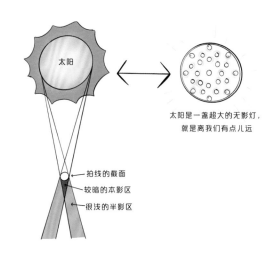

太阳是一盏超大的无影灯，就是离我们有点儿远

2. 光在同种均匀透光的物质中会沿着直线前进，但当光遇到障碍物时会被反射（走折线而非直线），比如光从空气中斜着射向水里会发生偏折，当光在疏密不均匀的空气中传播时也会弯折，不走直线。

光在不均匀介质中弯曲传播

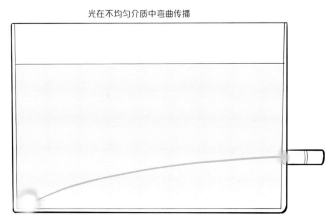

在撒入盐的水中，光弯曲传播，因为越靠近底部，盐的浓度越高

03　奇怪的镜子（光的反射）

答案：1. 从手电筒发出的光照到镜子上，光几乎都被镜面整齐地反射向了另一侧，只有在特定的小范围内才能看到被反射的光，而在其他角度看不到反射光，所以才会觉得镜子是暗的。但光照到桌面上后，被微观上凹凸不平的桌面漫反射向各个角度，反射光进入人眼，我们就能看到被照亮的桌面了。

2. 你们可能已经发现：在光的反射中，有些角度总是相同的。更详细的光的反射定律我们会在初中学习，现在先不用着急。

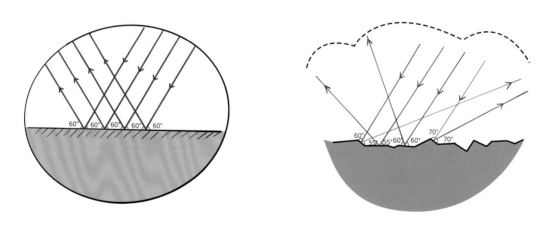

04 小小镜子本领高（平面镜成像）

答案：1. 物体发出的光会在两面镜子之间来回反射，每反射一次，就会形成一个镜中像。由于光会在两面正对的镜子之间反射几乎无数次，因此也就形成了几乎无数个像了。

2. 在屋子里吊上一些小灯来模拟"星星"发出的"星光"，再在屋子四壁、天花板、地板这 6 个面上都贴满镜子，"星光"在镜子里不断反射，就会形成很多星星的像，使我们好像置身于星海当中。

3. 家里的金属勺（最好是比较新的，反光还不错的那种），把脸凑近它看一看，正反面都试试，会有哈哈镜的感觉哟！

05 为什么腿在水里变短了（光的折射）

答案：1. 水中的光速大于玻璃中的光速，而空气中的光速又大于水中的光速，不过光在真空中是最快的，光在真空中 1 秒能跑 299792458 米！！！

2. 这是由于光的折射，人错以为池底不深，这个跟"天天站在水里时腿变短"其实是一个道理。

06 变幻莫测的凸透镜（凸透镜）

答案：凸透镜的镜面总体来说是向外凸的，比如中间厚、边缘薄的放大镜就是凸透镜，而凹透镜的镜面总体来说是向里凹的，比如中间薄、边缘厚的近视眼镜片就是凹透镜。

07 彩虹的秘密（光的色散）

答案：1. 彩虹的原理涉及太阳光、小水珠、折射、反射、色散等知识，小朋友们可以自己去查一查。彩虹的原理可不简单，如果自己查明白了，试试看能不能给别人讲明白。

2. 一定要在太阳光不错的时候试试哟！

3. 如果仔细观察彩虹，你们没准儿能看出"红""橙""黄""绿""蓝""靛""紫"这7种颜色。但彩虹中的颜色可远不止这7种，比如"红"里就有各种不同的"红"，如果用仪器而非肉眼去精细分析，就会发现彩虹中几乎有无数种颜色。

附录二

专业名词解释

光源——可自行发光的，而不是靠反射其他光才显得亮的物体。

光的直线传播——光在同一种均匀的透光物质中沿直线传播，比如均匀的空气、水、玻璃等。光在真空中也是沿直线传播的（不考虑爱因斯坦的时空弯曲影响）。

光速——光波或电磁波在真空或介质中的传播速度。真空中的光速最大，每 1 秒就能跑约 30 万公里；水中的光速可就慢了不少，每 1 秒"只能"跑约 22.5 万公里；玻璃中的光速更慢，每 1 秒"才"跑约 20 万公里。

光的反射——当光在传播中遇到另一种物质时，在分界面上，光改变传播方向又返回原物质的现象。比如光从空气射向水，有部分光会反射回空气中，光在空气和水的分界面上便会发生反射。

镜面反射——光在平滑的反光表面发生的反射现象，比如在光洁的镜面或者平静的水面上。

漫反射——光在微观上凹凸不平的反光表面发生的反射现象，比如粗糙的桌面、纸张表面、石头表面……

平面镜成像——由于光在镜面上发生了反射，人的视觉系统错以为物体在反射光线的反向延长线交点处，因此人会感觉镜中也有一个"物体"，可实际上镜子里什么都没有。

光的折射——当光从一种物质传播进入另一种物质时，光的传播路径在两个物质的分界面上可能发生偏折。水杯里的筷子看着好像"断"了似的，站在水中的人好像腿变短了，这都是由于光的折射导致的。

透镜——眼镜的镜片、放大镜都是透镜；望远镜、照相机、显微镜里的核心部件都是透镜。通过透镜对光的折射，我们可以操控光的传播路径，让光为我们所用。

凸透镜——中间厚、边缘薄的透镜，比如放大镜、远视眼镜。人眼的晶状体也相当于一个凸透镜。

凹透镜——中间薄、边缘厚的透镜，比如近视眼镜。

光的色散——当白光发生折射时，组成白光的不同色光其偏折程度不同，于是不同色光就分散开了。彩虹就是由于光的色散导致的美丽现象。

光学之父
海什木

光源
照亮世界的英雄

光喜欢
沿直线跑

镜面反射
和漫反射

变化多端的
镜中像

别被折射骗了

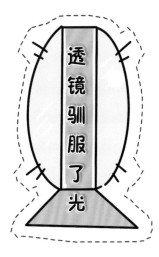

透镜驯服了光

并不简单的白光

探索光永不止

小·小·物理学家 3段